Guida Pratica e Facile all' Idroponica

Come coltivare anche senza terra grazie all' Idroponica

A. Duller

Lisa Shardon

Copyright © 2024

Guida alla Idroponica

Introduzione

1. Cos'è l'idroponica?

L'idroponica è un metodo di coltivazione delle piante che utilizza soluzioni nutritive minerali in acqua anziché il suolo come mezzo di crescita. La parola "idroponica" deriva dal greco antico, dove *hydro* significa "acqua" e *ponos* significa "lavoro", quindi può essere interpretata come "lavoro con l'acqua". Nella coltivazione idroponica, le piante assorbono direttamente i nutrienti dalle soluzioni nutrienti disciolte nell'acqua, che forniscono gli elementi essenziali necessari per la crescita e lo sviluppo.

Questo metodo di coltivazione è particolarmente interessante per l'agricoltura moderna, soprattutto nelle aree dove le condizioni del suolo non sono ideali o l'acqua scarseggia. L'idroponica permette di coltivare in spazi ridotti, con meno acqua e in modo più efficiente rispetto all'agricoltura tradizionale.

Grazie alla sua versatilità, l'idroponica viene utilizzata per coltivare una vasta gamma di piante, dai vegetali e frutti alle erbe aromatiche, ed è spesso impiegata in ambienti chiusi, serre o sistemi verticali.

1.1 Storia dell'idroponica

L'idroponica potrebbe sembrare una tecnologia moderna, ma le sue radici affondano nella storia antica. Diversi sistemi che ricordano l'idroponica sono stati usati in civiltà antiche, come i giardini pensili di Babilonia, considerati una delle sette meraviglie del mondo antico. Questi giardini, irrigati attraverso sistemi avanzati, permettevano la crescita di piante senza l'uso diretto del suolo.

Nell'antico Egitto e nelle civiltà mesopotamiche, l'acqua dei fiumi veniva canalizzata per irrigare e nutrire le colture. Inoltre, i cinesi, più di mille anni fa, utilizzavano una tecnica simile a quella idroponica per la coltivazione del riso. Anche le civiltà azteche del Messico svilupparono un sistema noto come *chinampas*, isole artificiali galleggianti sul lago che consentivano la coltivazione delle piante senza l'uso del suolo convenzionale.

La scienza moderna dell'idroponica ha fatto grandi passi avanti nel XX secolo grazie agli studi di ricercatori come William Frederick Gericke, che nel 1930 sviluppò il concetto di coltivazione idroponica su larga scala. Il suo lavoro dimostrò che era possibile coltivare piante senza suolo in ambienti controllati, utilizzando soluzioni nutrienti specifiche. Da quel momento in poi, l'idroponica ha guadagnato popolarità, soprattutto nelle serre e in situazioni dove il suolo non è disponibile o non è di buona qualità.

Nel corso degli anni, con lo sviluppo delle tecnologie agricole e la crescita della popolazione mondiale, l'idroponica si è evoluta come soluzione sostenibile per produrre cibo in modo più efficiente. Negli ultimi decenni, grazie a nuove scoperte scientifiche e tecniche avanzate, i sistemi idroponici sono stati adottati in tutto il mondo, diventando una parte fondamentale dell'agricoltura urbana e delle coltivazioni in ambienti controllati, come le serre high-tech o gli impianti agricoli verticali.

1.2 Vantaggi rispetto all'agricoltura tradizionale

L'idroponica presenta una serie di vantaggi significativi rispetto all'agricoltura tradizionale basata sul suolo. Di seguito, elenchiamo alcuni dei principali benefici che rendono questa tecnica così interessante per l'agricoltura moderna:

- **Risparmio idrico**: Contrariamente a quanto si potrebbe pensare, l'idroponica utilizza molta meno acqua rispetto all'agricoltura tradizionale. Le piante idroponiche assorbono direttamente i nutrienti dall'acqua, e quest'ultima può essere riutilizzata all'interno del sistema, riducendo così gli sprechi. In agricoltura tradizionale, gran parte dell'acqua viene persa per evaporazione, drenaggio o infiltrazione nel terreno, mentre nei sistemi idroponici chiusi l'acqua viene riciclata, permettendo un consumo ridotto anche fino al 90% rispetto all'agricoltura convenzionale.

- **Controllo completo sui nutrienti**: In un sistema idroponico, i coltivatori possono monitorare e controllare esattamente quali nutrienti vengono somministrati alle piante e in che quantità. Ciò consente una nutrizione ottimale e personalizzata per ogni tipo di pianta, portando a una crescita più rapida e a una resa più elevata. In agricoltura tradizionale, la qualità del suolo può variare notevolmente e influenzare la disponibilità di nutrienti.

- **Assenza di malattie trasmesse dal suolo**: Molte delle malattie che colpiscono le piante sono trasmesse attraverso il suolo. Eliminando il suolo, l'idroponica riduce drasticamente il rischio di malattie legate alla terra, come marciumi radicali o parassiti. Questo riduce anche la necessità di trattamenti chimici, rendendo la coltivazione più sostenibile e più sicura dal punto di vista sanitario.

- **Maggior controllo delle condizioni di crescita**: Poiché l'idroponica è spesso praticata in ambienti controllati come serre o strutture indoor, è possibile mantenere condizioni climatiche ottimali per la crescita delle piante. Si possono regolare facilmente fattori come temperatura, umidità, esposizione alla luce e ventilazione. Questo controllo permette una coltivazione continua tutto l'anno, indipendentemente dalle condizioni climatiche esterne, e consente di ridurre i tempi di crescita e migliorare la qualità del prodotto.

- **Maggiore densità di piantagione**: Poiché le piante non hanno bisogno di sviluppare un ampio sistema radicale per cercare i nutrienti nel terreno, è possibile piantare le colture molto più vicine tra loro. Questo permette di ottimizzare l'uso dello spazio, rendendo l'idroponica ideale per le coltivazioni in ambienti urbani o spazi limitati come serre verticali o fattorie urbane.

- **Crescita più veloce e resa maggiore**: Le piante coltivate in sistemi idroponici spesso crescono più velocemente e producono rese maggiori rispetto alle piante coltivate in suolo. Ciò è dovuto al fatto che le piante non devono spendere energia per cercare nutrienti, ma li ricevono direttamente attraverso la soluzione nutritiva. Questo si traduce in una produzione più rapida e in una maggiore quantità di raccolto su una superficie più piccola.

- **Riduzione dell'uso di pesticidi e prodotti chimici**: Grazie all'assenza di malattie trasmesse dal suolo e al controllo ambientale, i coltivatori possono ridurre significativamente l'uso di pesticidi e altri prodotti chimici per proteggere le piante. Questo contribuisce a una produzione agricola più sostenibile e a una maggiore sicurezza alimentare per i consumatori.

1.3 Tipi di sistemi idroponici

Esistono diversi tipi di sistemi idroponici, ciascuno con caratteristiche specifiche che si adattano a determinate esigenze o colture. I principali sistemi idroponici includono:

1. **Sistemi a flusso e riflusso (Ebb and Flow)**: In questo sistema, le piante sono collocate in un vassoio riempito di un medium inerte (come argilla espansa o perlite), e la soluzione nutritiva viene pompata nel vassoio a intervalli regolari. Successivamente, la soluzione viene drenata e recuperata, creando un ciclo di flusso e riflusso. Questo metodo è ideale per piante che richiedono cicli di umidità e secchezza.

2. **Sistemi a goccia (Drip System)**: Nel sistema a goccia, la soluzione nutritiva viene somministrata lentamente alle radici delle

piante attraverso tubicini che rilasciano piccole quantità di soluzione nel substrato o direttamente alle radici. È uno dei sistemi più diffusi, grazie alla sua versatilità e al risparmio idrico.

3. **Sistemi a flusso di nutrienti (NFT - Nutrient Film Technique)**: Questo sistema prevede un flusso continuo di una sottile pellicola di soluzione nutritiva che scorre attraverso i canali in cui sono poste le radici delle piante. Le radici rimangono parzialmente esposte all'aria, garantendo una buona ossigenazione. L'NFT è uno dei metodi più efficienti e viene utilizzato spesso per colture leggere come lattuga, erbe aromatiche o fragole.

4. **Sistemi aeroponici**: Nell'aeroponica, le radici delle piante sono sospese nell'aria e vengono periodicamente nebulizzate con una soluzione nutritiva. Questo sistema garantisce una massima ossigenazione delle radici, il che può portare a una crescita più rapida. Tuttavia

, l'aeroponica richiede una tecnologia avanzata e un'attenta gestione per prevenire il malfunzionamento del sistema di nebulizzazione.

5. **Sistemi a cultura d'acqua (Deep Water Culture - DWC)**: In questo sistema, le piante crescono con le radici immerse direttamente in un serbatoio di acqua ossigenata contenente i nutrienti necessari. Un'aerazione costante è fondamentale per mantenere le radici ossigenate e prevenire la marcescenza. Il DWC è uno dei sistemi idroponici più semplici e adatti ai principianti.

6. **Sistemi a stoppino (Wick System)**: Il sistema a stoppino è uno dei più semplici ed economici. Le piante sono collocate in un substrato, e uno stoppino viene utilizzato per assorbire la soluzione nutritiva da un serbatoio e trasportarla alle radici delle piante. Questo metodo è a bassa manutenzione ma non adatto per piante con esigenze nutritive elevate o che crescono rapidamente.

Ogni sistema idroponico ha i suoi vantaggi e svantaggi, e la scelta del sistema giusto dipende dalle esigenze specifiche del coltivatore, dal tipo di coltura e dalle risorse disponibili.

Capitolo 1: Fondamenti dell'idroponica

L'idroponica si basa su alcuni concetti chiave che differiscono notevolmente dall'agricoltura tradizionale. In agricoltura idroponica, il suolo viene sostituito da una soluzione nutritiva e, talvolta, da substrati inerti che non forniscono alcun nutrimento alle piante.

Nell'idroponica, alcuni concetti chiave sono fondamentali per comprendere il funzionamento di questi sistemi e il loro potenziale vantaggio rispetto all'agricoltura tradizionale.

- **Soluzione nutritiva**: La soluzione nutritiva è il cuore di qualsiasi sistema idroponico. Contiene i nutrienti essenziali, sotto forma di minerali disciolti, che le piante necessitano per la crescita. Questi nutrienti includono elementi primari come azoto (N), fosforo (P) e potassio (K), e secondari come calcio (Ca), magnesio (Mg) e zolfo (S), oltre a micronutrienti come ferro (Fe), zinco (Zn), manganese (Mn), rame (Cu), boro (B) e molibdeno (Mo). A differenza della coltivazione in suolo, dove i nutrienti devono essere assorbiti tramite la decomposizione del materiale organico o l'apporto di fertilizzanti, in idroponica la pianta riceve i nutrienti in forma immediatamente disponibile.

- **Ossigenazione delle radici**: Le radici delle piante hanno bisogno di ossigeno per respirare. In sistemi tradizionali basati sul suolo, il suolo agisce come mezzo attraverso cui passa l'ossigeno. In idroponica, invece, le radici sono immerse o comunque vicine all'acqua, il che può limitare la quantità di ossigeno disponibile. Per ovviare a questo problema, molti sistemi idroponici utilizzano tecniche di aerazione o lasciano che le radici siano parzialmente esposte all'aria (come nei sistemi NFT o aeroponici). Un'adeguata ossigenazione è cruciale per evitare la "marciume radicale" e garantire una crescita sana.

- **Substrati inerti**: Anche se il suolo non viene utilizzato, molte piante in sistemi idroponici hanno bisogno di un supporto fisico per mantenersi verticali e stabili. Per questo vengono usati substrati inerti come argilla espansa, lana di roccia, perlite, vermiculite o fibra di cocco. Questi materiali non contengono nutrienti ma offrono una superficie a cui le radici possono ancorarsi e attraverso la quale la soluzione nutritiva può circolare liberamente.

- **Controllo ambientale**: L'idroponica viene spesso praticata in ambienti controllati come serre o stanze indoor dotate di illuminazione artificiale, sistemi di controllo della temperatura, umidità e ventilazione. Questo permette di replicare condizioni climatiche ideali tutto l'anno, favorendo una crescita continua e costante delle piante. La coltivazione in ambienti controllati è particolarmente utile per colture di alto valore o in zone geografiche dove le condizioni esterne sono troppo estreme per l'agricoltura tradizionale.

1.2 Nutrienti e loro importanza

Nel contesto idroponico, i nutrienti sono forniti in forma disciolta nell'acqua, rendendoli immediatamente disponibili per l'assorbimento da parte delle radici delle piante. A differenza dell'agricoltura su suolo, dove i nutrienti devono essere rilasciati lentamente dal suolo o aggiunti tramite fertilizzanti, nell'idroponica i coltivatori possono regolare con precisione la quantità e il tipo di nutrienti da fornire alle piante in ogni fase della loro crescita.

I nutrienti si dividono in **macronutrienti** e **micronutrienti**, entrambi essenziali per la crescita delle piante:

- **Macronutrienti primari**:

  - **Azoto (N)**: Fondamentale per la crescita delle foglie e degli steli, l'azoto è un componente chiave della clorofilla, la molecola che consente alle piante di convertire la luce solare in energia tramite la fotosintesi. Una carenza di azoto si manifesta spesso con un ingiallimento delle foglie (clorosi).

- **Fosforo (P)**: Essenziale per lo sviluppo delle radici e la fioritura. Il fosforo è importante per la produzione di energia nelle cellule delle piante (ATP) e favorisce la crescita delle radici profonde e delle infiorescenze.

- **Potassio (K)**: Regola l'assorbimento dell'acqua e dei nutrienti, stimola la produzione di proteine e aiuta a rafforzare le pareti cellulari. Il potassio migliora anche la resistenza della pianta a malattie e stress ambientali.

- **Macronutrienti secondari**:

- **Calcio (Ca)**: Rafforza le pareti cellulari delle piante e svolge un ruolo fondamentale nel trasporto e nella divisione delle cellule. È anche importante per lo sviluppo delle radici e la stabilità generale della pianta.

- **Magnesio (Mg)**: Un componente centrale della clorofilla, il magnesio è essenziale per la fotosintesi. Le carenze di magnesio possono manifestarsi con foglie gialle con venature verdi.

- **Zolfo (S)**: Importante per la sintesi di proteine e enzimi. È anche essenziale per il corretto sviluppo delle radici.

- **Micronutrienti**: Anche se richiesti in quantità molto minori rispetto ai macronutrienti, i micronutrienti sono altrettanto essenziali per la salute delle piante.

  - **Ferro (Fe)**: Cruciale per la sintesi della clorofilla e la respirazione delle piante.

  - **Zinco (Zn)**: Importante per la produzione di ormoni della crescita e per la regolazione di varie attività enzimatiche.

  - **Manganese (Mn)**: Aiuta nella fotosintesi e nella formazione delle proteine.

  - **Rame (Cu)** e **Boro (B)**: Importanti per la crescita delle radici e lo sviluppo dei fiori e dei frutti.

La quantità e la proporzione di questi nutrienti variano a seconda della fase di crescita delle piante. Ad esempio, durante la fase vegetativa (quando la pianta sta crescendo foglie e steli), è necessaria una maggiore quantità di azoto, mentre nella fase di fioritura e fruttificazione, la pianta richiederà più fosforo e potassio. Nella coltivazione idroponica, la precisione nella fornitura di nutrienti può fare una grande differenza in termini di crescita e resa.

1.3 pH e EC (conductività elettrica)

Due parametri fondamentali da monitorare costantemente in qualsiasi sistema idroponico sono il **pH** e la **conductività elettrica (EC)**. Questi due fattori influenzano direttamente la disponibilità e l'assorbimento dei nutrienti da parte delle piante.

- **pH**: Il pH misura l'acidità o l'alcalinità della soluzione nutritiva. Ogni pianta ha un intervallo di pH ottimale in cui riesce ad assorbire correttamente i nutrienti. Nella maggior parte dei sistemi idroponici, il pH dovrebbe essere mantenuto tra 5,5 e 6,5, poiché in questo intervallo i nutrienti sono più facilmente accessibili. Se il pH è troppo basso (acido) o troppo alto (alcalino), i nutrienti possono diventare non disponibili per le piante, anche se presenti nella soluzione nutritiva. Questo può causare carenze nutrizionali, anche se la soluzione contiene i nutrienti necessari.

Ad esempio, se il pH scende troppo, può ridurre la disponibilità di calcio e magnesio, causando sintomi di carenza nelle piante. Se invece è troppo alto, elementi come il ferro e il manganese diventano difficili da assorbire, portando a problemi di crescita.

Per mantenere il pH corretto, vengono utilizzati regolatori di pH (pH-up o pH-down), sostanze che permettono di aumentare o diminuire il livello di acidità della soluzione nutritiva.

- **Conductività Elettrica (EC)**: L'EC misura la concentrazione totale di sali disciolti nella soluzione nutritiva, il che indica indirettamente la quantità di nutrienti disponibili per le piante. Un valore elevato di EC indica un'alta concentrazione di sali nutrienti, mentre un valore basso indica una bassa concentrazione. È essenziale mantenere un equilibrio: se l'EC è troppo alto, le radici delle piante possono subire uno "stress da sali", che riduce l'assorbimento di acqua e nutrienti e può portare a un'accumulo tossico di sali. Se l'EC è troppo basso, le piante non riceveranno nutrienti sufficienti per crescere correttamente.

Ogni tipo di pianta ha un intervallo ottimale di EC, che può variare a seconda della fase di crescita. Colture come la lattuga e le erbe aromatiche, ad esempio, tendono a richiedere una EC più bassa, mentre piante che producono frutti, come i pomodori, richiedono una EC più alta.

1.4 Tipi di piante adatte all'idroponica

Uno dei vantaggi

dell'idroponica è che quasi tutte le piante possono essere coltivate con questo metodo, purché siano adattate al sistema scelto. Tuttavia, alcune piante rispondono particolarmente bene all'idroponica e sono spesso coltivate in questo modo per via della loro rapida crescita, alto rendimento o per il controllo che il metodo consente sulla qualità del prodotto.

- **Verdure a foglia verde**: Le piante come lattuga, spinaci, bietole e cavoli sono ideali per l'idroponica. Queste piante richiedono meno nutrienti e acqua rispetto alle colture più grandi, e crescono rapidamente in sistemi come il Nutrient Film Technique (NFT) o la coltura in acqua profonda (DWC). Inoltre, sono colture leggere, che richiedono poco spazio e sono quindi ideali per impianti verticali o serre a densità elevata.

- **Erbe aromatiche**: Basilico, menta, coriandolo, prezzemolo, rosmarino e altre erbe sono particolarmente adatte per la coltivazione idroponica. Queste piante crescono bene con un'illuminazione moderata e un controllo preciso dei nutrienti, e hanno un ciclo di crescita breve, che consente raccolti frequenti.

- **Pomodori e peperoni**: I pomodori sono tra le piante più comuni coltivate in idroponica, in particolare nelle serre commerciali. Richiedono più nutrienti rispetto alle verdure a foglia, ma beneficiano del controllo ambientale fornito dai sistemi idroponici, che permette raccolti abbondanti e di alta qualità.

- **Cetrioli e zucchine**: Questi ortaggi da frutto si adattano bene a sistemi idroponici che offrono ampio spazio per la crescita delle radici e il supporto fisico per sostenere le piante.

- **Fragole**: La coltivazione idroponica di fragole è diffusa, soprattutto in contesti commerciali, grazie alla capacità di controllare meglio i cicli di crescita e l'apporto di nutrienti per ottenere frutti di alta qualità.

Inoltre, colture come peperoni, melanzane, piante ornamentali e anche piante da fiore come le orchidee possono essere coltivate con successo in sistemi idroponici, a patto che vengano soddisfatte le loro esigenze specifiche in termini di illuminazione, nutrienti e spazio.

Capitolo 2: Sistemi Idroponici

L'idroponica rappresenta una delle tecniche più avanzate e innovative per la coltivazione di piante senza l'uso di suolo. I vari sistemi idroponici esistenti offrono approcci diversificati per nutrire e sostenere le piante in condizioni ottimali. Ogni sistema ha delle caratteristiche specifiche che lo rendono più o meno adatto a determinati tipi di colture, spazi o ambienti. In questo capitolo verranno analizzati i principali sistemi idroponici, con un focus sui loro meccanismi di funzionamento, i vantaggi, gli svantaggi e le applicazioni pratiche.

2.1 Sistema a flusso e riflusso (Ebb and Flow System)

Il **sistema a flusso e riflusso**, chiamato anche **Ebb and Flow**, è uno dei sistemi idroponici più diffusi, soprattutto per coltivazioni su piccola scala o domestiche, per via della sua semplicità e flessibilità.

Funzionamento

Nel sistema a flusso e riflusso, le piante vengono coltivate in un substrato inerte (come argilla espansa, perlite o vermiculite), contenuto in un vassoio o contenitore. Sotto di esso si trova un serbatoio riempito con una soluzione nutritiva. La caratteristica principale di questo sistema è che il vassoio con le piante viene periodicamente allagato con la soluzione nutritiva pompata dal serbatoio, fino a sommergere le radici. Una volta che il vassoio è pieno, la pompa si spegne e la soluzione viene drenata nuovamente nel serbatoio, lasciando le radici temporaneamente all'aria. Questo ciclo di flusso (quando la soluzione inonda il vassoio) e riflusso (quando la soluzione viene drenata) viene ripetuto più volte al giorno.

Vantaggi

1. **Ossigenazione delle radici**: Il sistema a flusso e riflusso favorisce l'ossigenazione

delle radici durante la fase di drenaggio, quando vengono esposte all'aria. Questo riduce il rischio di marciume radicale e migliora l'assorbimento dei nutrienti.

2. **Efficienza del consumo di acqua e nutrienti**: Poiché la stessa soluzione nutritiva viene riciclata continuamente, l'acqua e i nutrienti vengono utilizzati in modo molto efficiente, riducendo gli sprechi.

3. **Adattabilità a diverse colture**: Il sistema è adatto per una vasta gamma di piante, comprese verdure a foglia, erbe aromatiche, piante da fiore e piante più grandi come pomodori e peperoni.

4. **Flessibilità del substrato**: I coltivatori possono scegliere tra vari tipi di substrati inerti, a seconda delle loro preferenze o delle esigenze specifiche delle colture.

Svantaggi

1. **Rischio di interruzione del sistema**: Il sistema a flusso e riflusso dipende dal funzionamento regolare della pompa e del temporizzatore. Se la pompa si guasta o il temporizzatore si sfascia, le radici possono seccarsi rapidamente e le piante potrebbero morire in breve tempo.

2. **Accumulo di sali**: Poiché la soluzione nutritiva viene riciclata, i sali possono accumularsi nel substrato nel corso del tempo, richiedendo periodici risciacqui per prevenire l'eccessiva concentrazione di nutrienti che può danneggiare le piante.

3. **Non adatto per piante con esigenze idriche particolari**: Piante che richiedono un'umidità costante nelle radici potrebbero non prosperare in un sistema a flusso e riflusso, poiché i periodi di drenaggio possono lasciare le radici asciutte troppo a lungo.

Applicazioni

Il sistema a flusso e riflusso è molto popolare per l'uso in serre e coltivazioni indoor su piccola scala. Grazie alla sua semplicità, è un'ottima scelta per chi è alle prime armi con l'idroponica. Inoltre, può essere utilizzato per la propagazione di piante e talee, poiché il substrato offre un buon supporto alle giovani piante.

2.2 Sistema NFT (Nutrient Film Technique)

Il **Nutrient Film Technique (NFT)** è un sistema idroponico che si basa sul continuo flusso di una sottile pellicola di soluzione nutritiva che scorre lungo le radici delle piante. Questo sistema è molto apprezzato per la sua efficienza e per la sua capacità di produrre rese elevate con un minimo consumo di risorse.

Funzionamento

Nel sistema NFT, le piante vengono collocate in canali inclinati (solitamente tubi di plastica o PVC) che contengono una pellicola molto sottile di soluzione nutritiva che scorre costantemente sul fondo del canale. Solo la parte inferiore delle radici è immersa nella soluzione nutritiva, mentre la parte superiore è esposta all'aria, garantendo una buona ossigenazione. La soluzione nutritiva viene pompata continuamente da un serbatoio ai canali e poi riciclata nuovamente nel serbatoio.

Vantaggi

1. **Efficienza idrica e nutritiva**: Il sistema NFT utilizza una quantità minima di acqua e nutrienti, poiché la soluzione viene riciclata continuamente. Questo lo rende uno dei sistemi idroponici più efficienti in termini di consumo di risorse.

2. **Crescita accelerata**: Grazie al costante

apporto di nutrienti e all'ottima ossigenazione delle radici, le piante crescono molto velocemente. Questo rende il sistema ideale per colture rapide come la lattuga o le erbe aromatiche.

3. **Semplicità del substrato**: Nel sistema NFT non è necessario un substrato complesso; le radici delle piante sono sospese liberamente nel canale, il che riduce la manutenzione e il rischio di accumulo di sali nel substrato.

4. **Versatilità e scalabilità**: Il sistema può essere facilmente scalato per adattarsi a coltivazioni di varie dimensioni, dalle piccole serre alle grandi strutture commerciali. Inoltre, è particolarmente adatto a impianti verticali o a sistemi di coltivazione su più livelli.

Svantaggi

1. **Dipendenza dalla pompa**: Come per il sistema a flusso e riflusso, il funzionamento

continuo della pompa è essenziale. Se la pompa si guasta o l'alimentazione elettrica viene interrotta, le radici delle piante possono asciugarsi rapidamente e danneggiarsi in modo irreversibile.

2. **Accumulo di radici**: Con il tempo, le radici delle piante possono crescere e ostruire i canali, bloccando il flusso della soluzione nutritiva. È importante monitorare regolarmente il sistema per evitare che le radici formino grovigli che ostacolano il movimento dei nutrienti.

3. **Limitazioni per colture grandi**: Il sistema NFT è più adatto per piante leggere o a ciclo breve, come lattuga, spinaci e erbe aromatiche. Colture più grandi, come pomodori o cetrioli, potrebbero richiedere un supporto aggiuntivo o addirittura non essere adatte a questo sistema a causa del peso e dell'estensione delle radici.

Applicazioni

Il sistema NFT è ampiamente utilizzato nella produzione commerciale di verdure a foglia verde e erbe aromatiche, grazie alla sua efficienza e capacità di fornire raccolti rapidi. È molto popolare in ambienti controllati, come serre o coltivazioni indoor, dove il flusso di nutrienti può essere gestito con precisione. Inoltre, il sistema è spesso impiegato in impianti verticali per massimizzare l'uso dello spazio.

2.3 Sistema DWC (Deep Water Culture)

Il **Deep Water Culture (DWC)**, o **cultura in acqua profonda**, è uno dei sistemi idroponici più semplici e accessibili, particolarmente popolare tra i coltivatori domestici e i principianti. In questo sistema, le radici delle piante sono immerse direttamente in un serbatoio di soluzione nutritiva ossigenata.

Funzionamento

Nel sistema DWC, le piante sono posizionate in vasi con substrati inerti (come argilla espansa) e sospese sopra un serbatoio riempito di soluzione nutritiva. Le radici delle piante si estendono nel serbatoio e restano immerse nella soluzione, dove possono assorbire direttamente i nutrienti necessari per la crescita. Per evitare che le radici soffochino a causa della mancanza di ossigeno, l'acqua nel serbatoio viene costantemente ossigenata tramite una pompa ad aria e un diffusore, che introduce bolle d'aria nella soluzione.

Vantaggi

1. **Semplicità**: Il sistema DWC è estremamente semplice da configurare e gestire, rendendolo ideale per i principianti o per chi vuole sperimentare l'idroponica senza dover investire in attrezzature complesse.

2. **Crescita rapida delle piante**: Le piante crescono molto velocemente nel sistema DWC grazie all'accesso costante a una quantità illimitata di nutrienti e ossigeno, che stimola una crescita vigorosa delle radici e una rapida produzione di biomassa.

3. **Basso consumo di energia**: Poiché la pompa ad aria è l'unico componente in funzione, il consumo energetico del sistema DWC è relativamente basso rispetto ad altri sistemi idroponici che richiedono pompe d'acqua più potenti.

4. **Adatto a diverse colture**: Il sistema DWC è versatile e può essere utilizzato per coltivare una vasta gamma di piante, dalle verdure a foglia ai pomodori e alle piante da frutto.

Svantaggi

1. **Monitoraggio costante dell'ossigeno**: Il corretto funzionamento del sistema DWC dipende dall'ossigenazione continua della soluzione nutritiva. Se la pompa ad aria si ferma, le radici possono soffrire rapidamente a causa della mancanza di ossigeno e iniziare a marcire.

2. **Rischio di marciume radicale**: Poiché le radici sono costantemente immerse nell'acqua, il rischio di marciume radicale è elevato, soprattutto se la temperatura dell'acqua è troppo alta o se l'ossigenazione è insufficiente.

3. **Necessità di un controllo preciso del pH e della temperatura**: Il pH e la temperatura della soluzione nutritiva devono essere monitorati attentamente. Se il pH è troppo alto o troppo basso, le piante potrebbero non riuscire ad assorbire correttamente i nutrienti. Anche una temperatura troppo elevata nell'acqua può causare stress alle radici.

Applicazioni

Il sistema DWC è ampiamente utilizzato in coltivazioni domestiche, scolastiche o per la sperimentazione, grazie alla sua semplicità e alla rapidità con cui le piante crescono. Viene impiegato principalmente per colture rapide e a ciclo breve, come lattuga, basilico, erbe aromatiche e anche alcune piante da frutto come i pomodori. Sistemi commerciali su larga scala possono adottare versioni modificate del DWC, come il **Bubbleponics**, che combina l'ossigenazione con il flusso costante di nutrienti.

2.4 Sistema Verticale

Il **sistema verticale** è una soluzione innovativa per massimizzare l'uso dello spazio disponibile e migliorare l'efficienza della coltivazione idroponica. Questi sistemi sono progettati per coltivare piante su più livelli, impilando le unità di coltivazione in verticale, il che consente di coltivare un gran numero di piante anche in spazi ristretti.

Funzionamento

In un sistema verticale, i moduli di coltivazione sono disposti uno sopra l'altro in strutture verticali o torri. La soluzione nutritiva viene pompata dalla base della struttura e distribuita uniformemente ai vari livelli attraverso un sistema di irrigazione a gravità o a goccia. Le radici delle piante possono essere supportate da substrati inerti o essere sospese nell'aria, a seconda del tipo di sistema verticale impiegato. In alcuni sistemi verticali, come quelli aeroponici, le radici vengono spruzzate direttamente con la soluzione nutritiva.

Vantaggi

1. **Ottimizzazione dello spazio**: Il principale vantaggio di un sistema verticale è

la possibilità di sfruttare lo spazio in altezza, permettendo la coltivazione di molte piante anche in aree ridotte. Questo lo rende ideale per ambienti urbani o per serre dove lo spazio orizzontale è limitato.

2. **Risparmio di acqua e nutrienti**: I sistemi verticali tendono a riciclare la soluzione nutritiva, riducendo al minimo il consumo di acqua e fertilizzanti.

3. **Efficienza produttiva**: Grazie alla disposizione su più livelli, è possibile ottenere raccolti più abbondanti in uno spazio ridotto, migliorando l'efficienza complessiva della produzione.

4. **Estetica e multifunzionalità**: I sistemi verticali non sono solo funzionali, ma possono anche avere un valore estetico, rendendoli ideali per giardini interni, ristoranti o spazi pubblici che cercano di integrare il verde in modo innovativo.

Svantaggi

1. **Costi iniziali elevati**: I sistemi verticali possono essere costosi da implementare, poiché richiedono strutture robuste e un sistema di irrigazione avanzato.

2. **Manutenzione complicata**: La manutenzione può essere più complessa rispetto ad altri sistemi idroponici, poiché bisogna monitorare attentamente che la soluzione nutritiva raggiunga uniformemente tutti i livelli della struttura.

3. **Sviluppo irregolare delle piante**: Poiché le piante in un sistema verticale ricevono luce e nutrienti in modo diverso a seconda della loro posizione, potrebbe verificarsi uno sviluppo irregolare tra i diversi livelli della struttura.

Applicazioni

I sistemi verticali sono particolarmente utilizzati in contesti urbani, dove lo spazio è limitato. Sono ideali per serre commerciali che cercano di massimizzare la produzione per metro quadrato, ma vengono utilizzati anche in ambienti interni o in giardini verticali per la produzione domestica di erbe aromatiche e verdure a foglia.

2.5 Sistemi Aeroponici

Il **sistema aeroponico** rappresenta una delle forme più avanzate di idroponica, in cui le radici delle piante vengono esposte direttamente all'aria e nebulizzate con una soluzione nutritiva sotto forma di micro-gocce. Questo sistema offre una massima efficienza nell'ossigenazione delle radici e nell'assorbimento dei nutrienti.

Funzionamento

Nel sistema aeroponico, le piante sono

sospese in modo che le radici restino completamente esposte all'aria all'interno di una camera o contenitore. Un sistema di nebulizzazione automatizzato spruzza le radici con una soluzione nutritiva a intervalli regolari. La nebulizzazione crea un ambiente altamente ossigenato che favorisce la crescita rapida delle radici e migliora l'assorbimento dei nutrienti.

La soluzione nutritiva in eccesso viene raccolta alla base del sistema e riciclata per essere utilizzata nuovamente nelle successive nebulizzazioni.

Vantaggi

1. **Massima ossigenazione delle radici**: Poiché le radici sono costantemente esposte all'aria, ricevono una quantità ottimale di ossigeno, favorendo una crescita accelerata e robusta delle piante.

2. **Efficienza nell'uso dell'acqua e dei nutrienti**: Il sistema aeroponico utilizza quantità minime di acqua, poiché le radici vengono nebulizzate solo con la quantità necessaria di soluzione nutritiva, evitando sprechi.

3. **Crescita rapida**: Le piante coltivate in sistemi aeroponici tendono a crescere più velocemente rispetto ad altri sistemi idroponici, grazie all'accesso diretto e ottimizzato ai nutrienti e all'ossigeno.

Svantaggi

1. **Complessità e costi elevati**: Il sistema aeroponico richiede attrezzature specializzate per la nebulizzazione e un controllo preciso dei tempi e della frequenza di irrigazione. Questo lo rende più costoso da implementare e gestire rispetto ad altri sistemi idroponici.

2. **Rischio di guasti**: Poiché le radici

dipendono interamente dalla nebulizzazione regolare della soluzione nutritiva, un malfunzionamento del sistema può causare rapidamente la morte delle piante.

Applicazioni

Il sistema aeroponico è utilizzato principalmente per colture ad alto valore commerciale o per ricerche scientifiche, poiché permette di ottenere una crescita rapida e controllata delle piante. Tuttavia, la sua complessità e i costi elevati ne limitano l'uso su larga scala, rendendolo più comune in contesti sperimentali o in coltivazioni altamente specializzate, come la produzione di piante medicinali o ortaggi di alta qualità.

Ogni sistema idroponico ha vantaggi specifici che lo rendono adatto a determinate colture, spazi e condizioni. La scelta del sistema dipende dalle esigenze di produzione, dalle risorse disponibili e dal tipo di piante che si desidera coltivare.

Capitolo 3: Progettazione di un Impianto Idroponico

La progettazione di un impianto idroponico richiede una pianificazione accurata per garantire che le piante ricevano i nutrienti, l'illuminazione e l'ossigeno necessari per prosperare. Questo capitolo fornisce una guida completa per la creazione di un impianto idroponico, coprendo tutti gli aspetti cruciali, dalla scelta dello spazio ai materiali necessari, fino alle considerazioni su risparmio energetico e sostenibilità. Inoltre, verrà fornita una guida dettagliata per costruire un sistema idroponico passo-passo.

3.1 Scegliere lo Spazio Giusto

La scelta dello spazio giusto è uno dei primi e più importanti passi nella progettazione di un impianto idroponico. L'ubicazione del tuo impianto può influenzare direttamente la produttività delle piante, i costi energetici e la facilità di gestione del sistema. Ecco alcuni fattori da considerare:

3.1.1 Dimensioni dello Spazio

Il sistema idroponico può variare notevolmente in dimensioni, dai piccoli impianti domestici ai sistemi commerciali su larga scala. La prima domanda da porsi è quanto spazio hai a disposizione e quante piante intendi coltivare. Per un sistema domestico, una piccola stanza, un garage o una serra possono essere sufficienti. Per le coltivazioni commerciali, invece, sarà necessario un capannone o una serra più grande.

- **Piccoli impianti**: Se stai progettando un sistema per uso personale, un angolo di una stanza con accesso a luce naturale o artificiale potrebbe essere sufficiente. Anche balconi o terrazzi possono essere trasformati in aree idroponiche compatte.

- **Impianti di medie dimensioni**: Un seminterrato, un garage o una piccola serra offrono più spazio per espandere l'impianto, ospitando più piante e permettendo l'uso di sistemi verticali o su più livelli per ottimizzare l'area.

- **Grandi impianti commerciali**: Aziende agricole e serre su larga scala necessitano di uno spazio sufficientemente ampio per alloggiare diverse file di piante, con accesso a energia elettrica e un sistema di irrigazione ben progettato.

3.1.2 Illuminazione

L'illuminazione è uno degli aspetti più importanti da considerare, poiché le piante coltivate in idroponica necessitano di luce sufficiente per la fotosintesi. La scelta dello spazio influenzerà la quantità di luce naturale disponibile e determinerà la necessità di integrazione con luci artificiali.

- **Luce naturale**: Se stai progettando un impianto in una serra o in un'area con ampie finestre, potresti sfruttare la luce solare naturale. Tuttavia, in molti casi, sarà comunque necessario integrare la luce solare con luci artificiali, specialmente durante i mesi invernali o in ambienti chiusi.

- **Luce artificiale**: Se l'impianto si trova in un ambiente chiuso, sarà fondamentale investire in luci di crescita specifiche per piante (come luci LED o HID), che forniscono uno spettro luminoso ottimale per la fotosintesi. Le lampade LED sono particolarmente efficienti in termini di consumo energetico e durabilità.

3.1.3 Controllo del clima

L'idroponica permette di coltivare piante in ambienti controllati, il che significa che avrai bisogno di un sistema che regoli la temperatura, l'umidità e la ventilazione. Un clima stabile è cruciale per prevenire problemi come muffe, malattie e stress per le piante.

- **Temperatura**: La maggior parte delle piante prospera a temperature comprese tra 18°C e 24°C. Per mantenere la temperatura ottimale, potrebbe essere necessario installare riscaldatori o condizionatori d'aria, a seconda della posizione geografica e della stagione.

- **Umidità**: Un livello di umidità compreso tra il 50% e il 70% è generalmente ideale per molte colture idroponiche. Utilizzare umidificatori o deumidificatori può aiutare a mantenere un livello di umidità stabile.

- **Ventilazione**: È essenziale garantire un flusso d'aria costante per prevenire la formazione di muffe e funghi. I ventilatori possono essere utilizzati per migliorare la circolazione dell'aria, contribuendo anche a rafforzare gli steli delle piante.

3.1.4 Accesso all'acqua

Scegliere uno spazio vicino a una fonte di acqua pulita è essenziale, poiché l'acqua è il veicolo primario per i nutrienti in un sistema idroponico. La qualità dell'acqua deve essere costantemente monitorata, in particolare il suo pH e il livello di sali disciolti (EC).

3.2 Materiali Necessari

Una volta scelto lo spazio giusto, è importante acquistare i materiali necessari per costruire e gestire il tuo sistema idroponico. Di seguito sono elencati i principali componenti e materiali che compongono un impianto idroponico.

3.2.1 Contenitori per le piante

Il tipo di contenitore o vaso in cui verranno coltivate le piante dipenderà dal sistema idroponico scelto. I contenitori devono essere sufficientemente grandi per ospitare il substrato e le radici delle piante. Tra i materiali più utilizzati vi sono:

- **Vasi di rete**: Utilizzati in sistemi come DWC, permettono alle radici di estendersi nel serbatoio della soluzione nutritiva.

- **Vassoi o tubi**: Utilizzati nei sistemi NFT, dove le piante crescono in canali attraverso cui scorre la soluzione nutritiva.

- **Sacchi o vassoi per substrati inerti**: Utilizzati in sistemi a flusso e riflusso o a goccia, dove il substrato supporta le radici e la pianta.

3.2.2 Sistema di irrigazione

Il sistema di irrigazione distribuisce la soluzione nutritiva alle piante. A seconda del tipo di impianto idroponico, il sistema di irrigazione può variare. I principali sistemi includono:

- **Pompe ad acqua**: Queste pompe sono fondamentali per far circolare la soluzione nutritiva. Sono utilizzate in quasi tutti i sistemi idroponici, ad eccezione di alcuni sistemi passivi.

- **Sistemi di gocciolamento**: Nel sistema a goccia, piccole quantità di soluzione nutritiva vengono rilasciate costantemente sulle radici delle piante.

- **Pompe ad aria e diffusori**: Utilizzati nei sistemi DWC, questi dispositivi ossigenano la soluzione nutritiva, mantenendo le radici delle piante in condizioni ottimali.

3.2.3 Serbatoi

Il serbatoio è il cuore del sistema idroponico, poiché contiene la soluzione nutritiva che viene distribuita alle piante. Il serbatoio deve essere di dimensioni adeguate per contenere una quantità sufficiente di soluzione nutritiva per tutto il ciclo di coltivazione.

- **Materiale**: I serbatoi possono essere realizzati in plastica o altri materiali resistenti e devono essere opachi per prevenire la crescita di alghe.

- **Dimensione**: La dimensione del serbatoio dipende dal numero di piante coltivate e dal tipo di sistema. Un serbatoio più grande riduce la frequenza con cui sarà necessario aggiungere soluzione nutritiva.

3.2.4 Sistema di illuminazione

La luce è essenziale per la fotosintesi, e in un impianto idroponico indoor è necessario installare un sistema di illuminazione artificiale che imiti lo spettro della luce solare.

- **Luci LED**: Le luci LED per coltivazione sono tra le più efficienti e durature, con un consumo energetico ridotto e la capacità di fornire lo spettro completo necessario per la crescita delle piante.

- **Luci HID (High-Intensity Discharge)**: Sono utilizzate in coltivazioni commerciali per la loro capacità di emettere molta luce. Tuttavia, consumano più energia rispetto alle luci LED e generano calore, il che richiede una maggiore ventilazione.

3.2.5 Substrati di coltivazione

In un sistema idroponico, il substrato non fornisce nutrienti, ma sostiene fisicamente la pianta e trattiene l'umidità. I substrati più comuni includono:

- **Argilla espansa**: Leggera e altamente drenante, è perfetta per sistemi a flusso e riflusso o DWC.

- **Perlite e vermiculite**: Materiali porosi che trattengono l'umidità e permettono un buon flusso d'aria alle radici.

- **Fibra di cocco**: Un materiale naturale che fornisce un buon equilibrio tra ritenzione idrica e aer azione.

3.2.6 Soluzione nutritiva

La soluzione nutritiva è il mezzo attraverso il quale le piante ricevono tutti i nutrienti essenziali per la crescita. Le soluzioni nutritive commerciali sono disponibili in forma concentrata e devono essere diluite con acqua.

- **Macro e micronutrienti**: Le piante hanno bisogno di nutrienti primari (azoto, fosforo, potassio), secondari (calcio, magnesio, zolfo) e micronutrienti (ferro, zinco, rame, boro).

3.2.7 Strumenti di monitoraggio

Per mantenere le condizioni ottimali, è

necessario monitorare regolarmente i parametri chiave dell'acqua e dell'ambiente. Gli strumenti più comuni sono:

- **Misuratore di pH**: Per mantenere il pH della soluzione nutritiva tra 5,5 e 6,5.

- **Misuratore EC (Conduttività Elettrica)**: Per verificare la concentrazione di sali disciolti nella soluzione.

- **Termometri e igrometri**: Per monitorare temperatura e umidità.

3.3 Risparmio Energetico e Sostenibilità

L'idroponica è un metodo di coltivazione che può essere altamente efficiente dal punto di vista energetico, ma la progettazione di un impianto sostenibile richiede l'adozione di tecniche e strumenti che riducono al minimo il consumo di risorse e l'impatto ambientale.

3.3.1 Ottimizzazione dell'illuminazione

L'illuminazione rappresenta una delle maggiori voci di consumo energetico in un impianto idroponico. Utilizzare tecnologie efficienti, come le luci LED a basso consumo, può ridurre drasticamente il fabbisogno energetico. Un altro aspetto importante è ottimizzare l'uso della luce naturale, progettando l'impianto in modo da massimizzare l'esposizione alla luce solare.

3.3.2 Riciclo dell'acqua e dei nutrienti

Uno dei principali vantaggi dell'idroponica rispetto all'agricoltura tradizionale è l'uso efficiente dell'acqua. Un sistema idroponico ben progettato può ridurre il consumo idrico fino al 90% rispetto alla coltivazione in suolo. Utilizzando serbatoi per raccogliere e riciclare l'acqua in eccesso, è possibile minimizzare gli sprechi.

3.3.3 Energia rinnovabile

Integrare fonti di energia rinnovabile, come i pannelli solari, può contribuire ulteriormente a ridurre l'impronta energetica dell'impianto idroponico. Molti coltivatori stanno esplorando l'uso di energia solare per alimentare le pompe, i sistemi di illuminazione e altri componenti dell'impianto.

3.3.4 Uso di materiali sostenibili

Nella progettazione di un impianto idroponico, scegliere materiali sostenibili per i substrati di coltivazione e le strutture di supporto può ridurre l'impatto ambientale complessivo. Materiali riciclati o biodegradabili, come la fibra di cocco o le bottiglie di plastica riciclate, sono opzioni sempre più popolari.

3.4 Costruzione Passo-Passo di un Sistema Idroponico

Costruire un sistema idroponico può sembrare un compito complesso, ma seguendo una guida passo-passo è possibile creare un impianto funzionale anche senza esperienza precedente. Di seguito viene fornito un esempio di costruzione di un semplice sistema idroponico a flusso e riflusso.

Passo 1: Progettazione del Sistema

Prima di iniziare, decidi quale tipo di sistema idroponico costruire. In questo esempio, ci concentreremo su un sistema **a flusso e riflusso**, che utilizza una pompa per far circolare periodicamente la soluzione nutritiva attraverso i contenitori delle piante. Assicurati di pianificare la disposizione dei vasi e dei tubi di irrigazione.

Passo 2: Raccolta dei Materiali

Ecco una lista dei materiali necessari per il

sistema a flusso e riflusso:

- Contenitori o vassoi per le piante
- Serbatoio per la soluzione nutritiva
- Pompa ad acqua
- Timer per la pompa
- Tubi di irrigazione
- Substrato di coltivazione (argilla espansa o perlite)
- Soluzione nutritiva

Passo 3: Assemblaggio dei Contenitori

Posiziona i contenitori delle piante sopra il serbatoio della soluzione nutritiva. Assicurati che i vassoi siano sollevati e ben drenati, in modo che l'acqua possa fluire liberamente dentro e fuori dai vasi. I contenitori devono avere fori alla base per permettere il deflusso della soluzione nutritiva.

Passo 4: Collegamento della Pompa

Installa la pompa ad acqua nel serbatoio e collega il tubo di irrigazione che porterà la soluzione nutritiva ai vassoi delle piante. Collega anche il tubo di ritorno che permetterà alla soluzione nutritiva in eccesso di tornare nel serbatoio.

Passo 5: Impostazione del Timer

Programma il timer della pompa per attivarsi a intervalli regolari, generalmente ogni 15-30 minuti, in modo che la soluzione nutritiva possa inondare i vassoi delle piante e poi drenare nuovamente nel serbatoio. Questo ciclo permette alle radici di ottenere sia nutrienti che ossigeno.

Passo 6: Riempimento del Serbatoio

Riempi il serbatoio con acqua e aggiungi la soluzione nutritiva secondo le istruzioni del produttore. Controlla il pH e la conduttività elettrica (EC) per assicurarti che la soluzione sia ottimale per le piante.

Passo 7: Monitoraggio e Manutenzione

Una volta avviato il sistema, monitora regolarmente il livello dell'acqua, il pH e la concentrazione di nutrienti. Sostituisci o aggiungi soluzione nutritiva secondo necessità. Anche l'illuminazione e la ventilazione devono essere costantemente controllate per mantenere un ambiente ottimale per le piante.

La progettazione di un impianto idroponico richiede una combinazione di pianificazione, scelta di materiali adeguati e l'adozione di pratiche sostenibili. Con una buona progettazione e un'attenta gestione, è possibile costruire un sistema idroponico efficiente e produttivo, che può essere utilizzato per coltivare una vasta gamma di piante, sia in contesti domestici che commerciali.

Capitolo 4: Nutrizione delle Piante

La nutrizione delle piante è uno degli aspetti fondamentali dell'idroponica, poiché, a differenza dell'agricoltura tradizionale, le radici delle piante non possono estrarre nutrienti dal suolo. In un sistema idroponico, tutti i nutrienti essenziali vengono forniti attraverso una soluzione nutritiva accuratamente bilanciata. Questo capitolo fornisce una panoramica approfondita dei diversi tipi di nutrienti necessari per la crescita delle piante, come preparare correttamente le soluzioni nutritive, monitorare e ottimizzare i livelli nutritivi e risolvere eventuali problemi nutrizionali che possono emergere durante il processo di coltivazione.

4.1 Tipi di Nutrienti

I nutrienti per le piante possono essere suddivisi in due grandi categorie: **macronutrienti** e **micronutrienti**. Entrambi sono essenziali per la crescita delle piante, anche se in quantità differenti. I macronutrienti sono necessari in grandi quantità, mentre i micronutrienti sono richiesti in tracce, ma sono comunque fondamentali per un corretto sviluppo delle piante.

4.1.1 Macronutrienti

I macronutrienti sono gli elementi principali di cui le piante hanno bisogno per crescere e svilupparsi. Questi includono:

- **Azoto (N)**: Essenziale per la crescita vegetativa, l'azoto è un componente fondamentale delle proteine, degli aminoacidi e del DNA delle piante. Promuove lo sviluppo delle foglie e delle parti verdi della pianta. Un insufficiente apporto di azoto può causare una crescita stentata e foglie gialle, mentre un eccesso può favorire la crescita eccessiva delle foglie a discapito della fruttificazione.

- **Fosforo (P)**: Cruciale per la produzione

di energia e lo sviluppo delle radici, il fosforo è coinvolto nella fotosintesi e nella sintesi degli acidi nucleici. Aiuta anche nella formazione dei fiori e dei frutti. La carenza di fosforo può portare a foglie piccole e opache, con una crescita lenta.

- **Potassio (K)**: Il potassio regola molti processi vitali nelle piante, tra cui la fotosintesi, la regolazione dell'acqua e la resistenza alle malattie. È fondamentale per la sintesi proteica e lo sviluppo delle radici. Le carenze di potassio si manifestano spesso con bordi bruciati o scoloriti sulle foglie.

- **Calcio (Ca)**: Il calcio è essenziale per la struttura cellulare e lo sviluppo delle radici. Le piante lo utilizzano per costruire pareti cellulari forti e per trasportare altri nutrienti attraverso la pianta. La mancanza di calcio può causare necrosi dei tessuti, soprattutto nelle foglie più giovani.

- **Magnesio (Mg)**: Parte integrante della

molecola di clorofilla, il magnesio è essenziale per la fotosintesi e per l'attivazione di numerosi enzimi nelle piante. Una carenza di magnesio può portare a una perdita di colore nelle foglie (clorosi), che diventano gialle con vene verdi.

- **Zolfo (S)**: Il zolfo è un componente essenziale di alcuni aminoacidi e vitamine. Aiuta la pianta nella sintesi proteica e nella formazione di enzimi. La carenza di zolfo può causare un ingiallimento uniforme delle foglie più giovani.

4.1.2 Micronutrienti

I micronutrienti, sebbene necessari in quantità minime, sono altrettanto importanti per la salute delle piante. Tra i principali micronutrienti troviamo:

- **Ferro (Fe)**: Essenziale per la sintesi della clorofilla e la fotosintesi, il ferro è necessario in piccole quantità, ma la sua carenza può portare a clorosi nelle foglie giovani, rendendole pallide o giallastre.

- **Manganese (Mn)**: Coinvolto nella fotosintesi e nella sintesi proteica, il manganese aiuta anche la pianta a metabolizzare azoto e ferro. Una carenza di manganese può causare macchie necrotiche e clorosi tra le vene fogliari.

- **Zinco (Zn)**: Lo zinco è importante per la crescita e lo sviluppo delle piante, poiché è un componente di molti enzimi e proteine. La sua carenza può provocare un accorciamento degli internodi, con foglie piccole e deformate.

- **Rame (Cu)**: Il rame è essenziale per la fotosintesi, la respirazione e il metabolismo delle piante. Una carenza può portare a crescita stentata e foglie distorte.

- **Boro (B)**: Cruciale per la crescita delle cellule e lo sviluppo delle radici, il boro è coinvolto anche nella formazione delle pareti cellulari. Una carenza di boro può causare la morte delle gemme apicali e radici mal sviluppate.

- **Molibdeno (Mo)**: Necessario per il metabolismo dell'azoto, il molibdeno consente alla pianta di convertire il nitrato in ammoniaca, una forma di azoto che la pianta può utilizzare. La carenza di molibdeno è rara, ma può causare ingiallimento delle foglie e crescita stentata.

4.1.3 Elementi Benefici

Oltre ai macronutrienti e micronutrienti, esistono alcuni **elementi benefici** che, pur non essendo considerati essenziali, possono migliorare la crescita delle piante e la loro resistenza alle malattie. Alcuni di questi includono:

- **Silicio (Si)**: Contribuisce alla resistenza meccanica delle pareti cellulari, migliorando la resistenza della pianta a malattie, parassiti e stress ambientali.

- **Cobalto (Co)**: Essenziale per la fissazione dell'azoto nelle leguminose, anche se non tutte le piante necessitano di cobalto.

4.2 Preparazione delle Soluzioni Nutritive

La preparazione delle soluzioni nutritive è un passaggio cruciale nella coltivazione idroponica. Fornire alle piante la giusta combinazione e concentrazione di nutrienti è essenziale per garantire una crescita sana e produttiva. Di seguito sono descritti i passaggi chiave per preparare una soluzione nutritiva bilanciata.

4.2.1 Scelta dei Nutrienti

La prima fase nella preparazione delle soluzioni nutritive è scegliere i nutrienti giusti. La maggior parte dei coltivatori utilizza fertilizzanti idroponici appositamente formulati, che contengono una miscela bilanciata di macro e micronutrienti. Questi prodotti sono disponibili in forma liquida o in polvere e devono essere diluiti in acqua.

È importante scegliere fertilizzanti specifici per l'idroponica, poiché i fertilizzanti tradizionali per suolo potrebbero non essere solubili in acqua o potrebbero contenere impurità che possono danneggiare le piante o il sistema idroponico.

4.2.2 Bilanciare il pH

Il **pH** della soluzione nutritiva è uno dei fattori più importanti da monitorare durante la preparazione e la gestione del sistema idroponico. Il pH determina la disponibilità dei nutrienti per le piante. Se il pH è troppo alto o troppo basso, i nutrienti essenziali possono diventare inaccessibili per le radici, causando carenze nutrizionali anche se i nutrienti sono presenti nella soluzione.

- **pH ideale**: La maggior parte delle piante coltivate in idroponica prospera in un intervallo di pH compreso tra 5,5 e 6,5. Questo intervallo garantisce che tutti i nutrienti siano disponibili in quantità ottimali.

Per regolare il pH della soluzione, si possono utilizzare prodotti specifici per l'aumento (**pH Up**) o la diminuzione (**pH Down**) del pH. È importante misurare il pH della soluzione nutritiva con un misuratore di pH preciso, poiché piccole variazioni possono avere effetti significativi sulla disponibilità dei nutrienti.

4.2.3 Diluizione della Soluzione Nutritiva

I fertilizzanti per idroponica vengono forniti in

forma concentrata e devono essere diluiti in acqua prima di essere utilizzati. La quantità di nutrienti da aggiungere dipende dal tipo di coltura, dallo stadio di crescita delle piante e dal tipo di sistema idroponico utilizzato.

- **Concentrazione dei nutrienti**: La concentrazione di nutrienti nella soluzione nutritiva viene misurata utilizzando la **conduttività elettrica** (EC), che indica la quantità di sali disciolti nell'acqua. Un'EC troppo alta può causare bruciature da fertilizzante, mentre un'EC troppo bassa può portare a carenze nutrizionali. La maggior parte delle piante prospera in un intervallo di EC compreso tra 1,2 e 2,4 mS/cm, a seconda della specie e dello stadio di crescita.

- **Aggiunta di nutrienti**: Quando si preparano le soluzioni nutritive, è importante seguire attentamente le istruzioni del produttore per evitare sovra-fertilizzazione o carenze. È consigliabile aggiungere i nutrienti all'acqua in piccoli incrementi, misurando l'EC ad ogni passaggio, per assicurarsi di raggiungere la concentrazione desiderata.

4.2.4 Soluzione Nutritiva per Diversi Stadi di Crescita

Le esigenze nutrizionali delle piante variano in base allo **stadio di crescita**. Ad esempio, durante la fase vegetativa, le piante richiedono una maggiore quantità di azoto per promuovere lo sviluppo delle foglie e dei fusti. Durante la fase di fioritura, invece, le piante richiedono un maggiore apporto di fosforo e potassio per favorire la formazione dei fiori e dei frutti.

- **Fase vegetativa**: Durante la fase vegetativa, si consiglia di utilizzare una soluzione nutritiva con un alto contenuto di azoto (N), moderato contenuto di fosforo (P) e potassio (K), come una miscela NPK con rapporti 3-1-2.

- **Fase di fioritura**: Durante la fioritura, il rapporto NPK dovrebbe essere riequilibrato per ridurre l'azoto e aumentare il fosforo e il potassio, ad esempio una miscela con rapporti 1-3-4.

4.3 Monitoraggio e Ottimizzazione della Nutrizione

Il monitoraggio costante della soluzione nutritiva e dell'ambiente idroponico è fondamentale per garantire che le piante ricevano sempre i nutrienti di cui hanno bisogno nelle giuste proporzioni. Esistono vari strumenti e tecniche che possono essere utilizzati per mantenere i livelli nutritivi ottimali e prevenire carenze o eccessi.

4.3.1 Monitoraggio del pH e dell'EC

Come accennato in precedenza, il **pH** e la **conduttività elettrica (EC)** sono parametri critici che influenzano la disponibilità e l'assimilazione dei nutrienti da parte delle piante. Per garantire che le piante crescano in condizioni ottimali, è necessario monitorare regolarmente questi valori.

- **pH**: Il pH deve essere misurato quotidianamente, o almeno una volta ogni due giorni, per garantire che rimanga all'interno dell'intervallo ottimale. Anche piccole variazioni nel pH possono influenzare la capacità delle piante di assorbire nutrienti chiave come ferro, manganese e fosforo.

- **EC**: Il valore di EC fornisce un'indicazione della concentrazione totale dei nutrienti nella soluzione nutritiva. Se l'EC è troppo alta, potrebbe indicare un eccesso di nutrienti, il che può causare **bruciature delle radici** o accumulo di sali. Se l'EC è troppo bassa, potrebbe significare che le piante non ricevono abbastanza nutrienti. Anche l'EC dovrebbe essere monitorata regolarmente, soprattutto durante i cambiamenti climatici o nelle fasi critiche di crescita.

4.3.2 Monitoraggio Visivo

Oltre ai parametri tecnici come pH ed EC, il monitoraggio visivo delle piante è altrettanto importante. Le piante mostrano spesso segni visibili di carenze o eccessi nutrizionali attraverso cambiamenti nel colore, nella forma o nella dimensione delle foglie.

- **Foglie gialle (clorosi)**: Questo sintomo può indicare carenze di nutrienti come azoto, ferro o magnesio. Se le foglie più vecchie ingialliscono, potrebbe trattarsi di una carenza di azoto. Se le foglie più giovani sono colpite, potrebbe essere una carenza di ferro.

- **Macchie marroni o necrosi**: Le macchie marroni sulle foglie possono indicare una carenza di potassio o calcio, mentre la necrosi apicale può essere sintomo di carenza di calcio.

- **Crescita stentata**: Se la pianta mostra

uno sviluppo lento o deformazioni, potrebbero esserci carenze di fosforo, zinco o boro.

4.3.3 Correzione delle Carenze o Eccessi Nutrizionali

Quando si identificano carenze o eccessi nutrizionali, è importante intervenire rapidamente per correggere il problema. Ecco alcune strategie comuni:

- **Aggiunta di nutrienti specifici**: Se una carenza specifica è stata identificata (ad esempio, carenza di ferro o azoto), è possibile aggiungere fertilizzanti mirati per correggere la carenza.

- **Diluzione della soluzione nutritiva**: Se l'EC è troppo alta e le piante mostrano segni di bruciatura, diluire la soluzione nutritiva con acqua pulita può ridurre la concentrazione di sali disciolti e prevenire ulteriori danni.

- **Cambio della soluzione nutritiva**: In alcuni casi, potrebbe essere necessario cambiare completamente la soluzione nutritiva per eliminare accumuli di sali o per ribilanciare i nutrienti.

4.4 Risoluzione dei Problemi Nutrizionali

Nonostante tutte le precauzioni, i problemi nutrizionali possono comunque verificarsi in un sistema idroponico. Essere in grado di identificare e risolvere rapidamente questi problemi è fondamentale per mantenere la salute delle piante e garantire un raccolto abbondante.

4.4.1 Carenze Nutrizionali Comuni

Alcuni dei problemi nutrizionali più comuni nelle colture idroponiche includono carenze di azoto, fosforo, potassio, calcio e ferro.

- **Carenza di azoto**: Si manifesta con ingiallimento delle foglie più vecchie, crescita stentata e un generale aspetto debole della pianta. Per risolvere, è necessario aggiungere una soluzione ricca di azoto, come il nitrato di ammonio o l'urea.

- **Carenza di fosforo**: Le foglie possono diventare scure, con sfumature violacee o bluastre, e la crescita delle radici rallenta. Aggiungere fosfato di potassio o un fertilizzante a base di fosforo può correggere il problema.

- **Carenza di potassio**: Le foglie presentano margini bruciati o macchie marroni. L'aggiunta di solfato di potassio o cloruro di potassio può risolvere la carenza.

- **Carenza di calcio**: Le foglie più giovani possono deformarsi e diventare necrotiche ai bordi. L'aggiunta di calcio può essere effettuata utilizzando nitrato di calcio o cloruro di calcio.

- **Carenza di ferro**: Provoca clorosi interveinale nelle foglie giovani, che diventano gialle con vene verdi. L'aggiunta di chelati di ferro può correggere rapidamente il problema.

4.4.2 Eccessi Nutrizionali

L'eccesso di nutrienti, conosciuto anche come **sovra-fertilizzazione**, può essere altrettanto dannoso per le piante quanto una carenza. I nutrienti in eccesso possono causare una serie di problemi che influiscono negativamente sulla crescita delle piante, tra cui bruciature delle radici, blocco dei nutrienti, accumulo di sali e crescita distorta. È fondamentale monitorare attentamente la soluzione nutritiva per prevenire questi eccessi.

- **Eccesso di azoto (N)**: Un eccesso di azoto può causare una crescita eccessiva delle foglie e dei fusti a discapito della produzione di frutti e fiori. Le piante possono apparire verde scuro, ma presentano steli fragili e foglie carnose, soggette a malattie e parassiti. Per correggere, è necessario diluire la soluzione nutritiva o sostituirla con una a basso contenuto di azoto.

- **Eccesso di fosforo (P)**: Un eccesso di fosforo può causare il blocco dell'assorbimento di micronutrienti come zinco e ferro, portando a clorosi e carenze secondarie. I sintomi includono foglie che diventano pallide e piccole macchie necrotiche. Ridurre il fosforo nella soluzione nutritiva e aggiungere chelati di ferro o zinco per risolvere il problema.

- **Eccesso di potassio (K)**: Troppo potassio può bloccare l'assorbimento di calcio e magnesio, provocando carenze di questi due nutrienti essenziali. I sintomi includono macchie marroni sulle foglie e bordi fogliari bruciati. La diluizione della soluzione nutritiva e l'aggiunta di calcio o magnesio possono essere d'aiuto.

- **Eccesso di calcio (Ca)**: Troppo calcio può interferire con l'assorbimento di magnesio e potassio, causando carenze secondarie. Sintomi di un eccesso di calcio includono foglie gialle e fragili, con margini secchi e marroni. Per risolvere, è necessario ridurre il contenuto di calcio nella soluzione nutritiva.

- **Accumulo di sali**: L'eccesso di nutrienti può portare all'accumulo di sali nel substrato o nel sistema idroponico, un problema noto come salinità. Questo può causare bruciature delle radici, riduzione dell'assorbimento di acqua e nutrienti, e una crescita stentata. Per risolvere l'accumulo di sali, è necessario risciacquare il sistema con acqua pulita (pratica conosciuta come "flushing") per rimuovere l'eccesso di sali dal substrato o dalla zona radicale.

4.4.3 Identificazione dei Problemi Nutrizionali

L'identificazione dei problemi nutrizionali può

richiedere una buona osservazione delle piante e l'uso di strumenti diagnostici. La maggior parte dei problemi nutrizionali si manifesta attraverso sintomi visibili sulle foglie, ma anche la crescita stentata o alterata delle radici può essere un segnale di squilibri nutrizionali.

Strumenti per l'identificazione:

- **Misuratori di pH e EC**: Come menzionato precedentemente, monitorare il pH e la conduttività elettrica (EC) aiuta a prevenire e risolvere problemi legati a eccessi o carenze nutrizionali. Se il pH è fuori dall'intervallo ottimale, anche i nutrienti presenti in concentrazioni adeguate possono non essere assorbiti correttamente dalle piante.

- **Test di laboratorio delle soluzioni nutritive**: In casi di problemi persistenti o difficili da diagnosticare, è possibile inviare campioni di soluzione nutritiva a un laboratorio per un'analisi dettagliata della composizione nutrizionale. Questo aiuta a identificare eventuali squilibri difficili da rilevare con i metodi comuni.

- **Osservazione delle piante**: Come già menzionato, i sintomi visibili sono il metodo più diretto per identificare i problemi nutrizionali. La clorosi (ingiallimento delle foglie), la necrosi (morte del tessuto), la deformazione delle foglie o degli steli, e i ritardi nella crescita sono tutti indicatori di problemi nutrizionali. Ogni tipo di carenza o eccesso tende a manifestarsi in modo specifico, quindi è utile avere una tabella di riferimento per i sintomi nutrizionali delle piante idroponiche.

4.4.4 Prevenzione dei Problemi Nutrizionali

La prevenzione è sempre la migliore strategia per evitare problemi nutrizionali nelle coltivazioni idroponiche. Ecco alcune pratiche preventive che possono aiutare a mantenere le piante in salute:

- **Uso di nutrienti bilanciati**: Utilizzare fertilizzanti appositamente formulati per l'idroponica, bilanciati in base al tipo di piante coltivate e allo stadio di crescita. Evitare l'uso di fertilizzanti per suolo, poiché possono contenere elementi che non si dissolvono bene in acqua o sali che possono accumularsi nel sistema idroponico.

- **Cambi frequenti della soluzione nutritiva**: Sostituire regolarmente la soluzione nutritiva (ogni 1-2 settimane) per prevenire l'accumulo di sali e garantire che i nutrienti siano sempre disponibili nelle giuste proporzioni. Il risciacquo del sistema con acqua pulita tra un cambio e l'altro può aiutare a evitare problemi di salinità.

- **Controllo dell'acqua di partenza**: L'acqua utilizzata per preparare la soluzione nutritiva deve essere priva di contaminanti e avere una bassa concentrazione di sali disciolti (bassa EC). L'acqua demineralizzata o l'acqua osmotica sono le migliori opzioni per l'idroponica, poiché l'acqua di rubinetto può contenere minerali in eccesso, come calcio o cloro, che possono influenzare negativamente la qualità della soluzione nutritiva.

- **Manutenzione del sistema idroponico**: La pulizia regolare del sistema idroponico, incluse pompe, tubazioni e serbatoi, previene l'accumulo di residui e batteri che possono compromettere l'efficacia della soluzione nutritiva. Un sistema ben mantenuto aiuta anche a garantire che l'acqua e i nutrienti siano distribuiti uniformemente a tutte le piante.

- **Monitoraggio continuo**: Misurare regolarmente i livelli di pH, EC e temperatura dell'acqua consente di identificare e correggere eventuali problemi prima che diventino gravi. Anche l'osservazione quotidiana delle piante per eventuali segni di stress o carenze è un passaggio fondamentale per la prevenzione.

La nutrizione delle piante nell'idroponica è un aspetto cruciale che richiede un'attenzione continua e una gestione accurata. Fornire alle piante la giusta combinazione di macronutrienti e micronutrienti, mantenere un corretto equilibrio di pH e conduttività elettrica, e monitorare regolarmente la salute delle piante sono tutti elementi essenziali per il successo di una coltivazione idroponica.

L'importanza di un approccio proattivo non può essere sottovalutata: identificare e correggere rapidamente le carenze o gli eccessi nutrizionali può fare la differenza tra una crescita vigorosa e una produzione ridotta o fallimentare. Con la giusta conoscenza e gli strumenti appropriati, i coltivatori idroponici possono ottimizzare la nutrizione delle piante e massimizzare la resa del raccolto, garantendo allo stesso tempo la sostenibilità e la salute delle colture nel lungo termine.

In questo capitolo, abbiamo esplorato in dettaglio i vari tipi di nutrienti necessari per la crescita delle piante, la preparazione e la gestione delle soluzioni nutritive, il monitoraggio delle condizioni nutritive e la risoluzione dei problemi nutrizionali più comuni. Ogni passaggio, dalla scelta dei nutrienti alla prevenzione dei problemi, è fondamentale per garantire una coltivazione di successo in un ambiente idroponico.

Capitolo 5: Illuminazione e Clima

L'illuminazione e il controllo del clima sono due degli elementi più critici per una coltivazione idroponica di successo. Le piante, come tutti gli organismi fotosintetici, dipendono dalla luce per convertire l'energia luminosa in energia chimica attraverso la fotosintesi, un processo fondamentale per la loro crescita e sviluppo. Inoltre, la gestione della temperatura, dell'umidità e della ventilazione è essenziale per creare un ambiente ottimale in cui le piante possano prosperare, evitando stress termici, crescita rallentata o la diffusione di malattie.

5.1 Scelta delle Lampade

La luce è uno dei fattori più importanti per la coltivazione idroponica indoor, poiché le piante coltivate al chiuso non possono contare sulla luce solare naturale. Per questo motivo, è fondamentale scegliere il tipo di lampada giusto per fornire l'intensità e lo spettro di luce adeguato alle esigenze delle piante.

5.1.1 Tipi di Lampade Utilizzate nell'Idroponica

Esistono diversi tipi di lampade utilizzate nelle coltivazioni idroponiche indoor, ognuna con le proprie caratteristiche, vantaggi e svantaggi. La scelta della lampada dipende dal tipo di pianta coltivata, dallo spazio disponibile, dal budget e dall'efficienza energetica desiderata.

- **Lampade a fluorescenza**: Le lampade fluorescenti sono una scelta comune per la coltivazione di piccole piante o per la fase iniziale di crescita delle piante. Sono relativamente economiche e generano poco calore, il che le rende ideali per ambienti con spazio limitato. Tuttavia, le lampade fluorescenti non sono potenti come altri tipi di illuminazione e sono più adatte per la fase vegetativa che per quella di fioritura.

- **Lampade HID (High-Intensity Discharge)**: Le lampade HID sono tra le più utilizzate per la coltivazione di piante in ambienti indoor. Queste lampade includono due tipi principali: le lampade a sodio ad alta pressione (HPS) e le lampade a ioduri metallici (MH).

- **Lampade HPS (Sodio ad Alta Pressione)**: Queste lampade emettono luce di colore arancione-rosso, che è particolarmente utile per la fase di fioritura delle piante. Hanno un'elevata efficienza luminosa, ma producono molto calore, quindi richiedono un buon sistema di raffreddamento o ventilazione.

- **Lampade MH (Ioduri Metallici)**: Queste lampade emettono una luce più bianca-bluastra, che imita la luce solare e favorisce la fase vegetativa. Come le HPS, le MH producono molto calore e richiedono una gestione adeguata del calore.

- **Lampade LED (Light Emitting Diode)**: Le lampade LED sono sempre più popolari nelle coltivazioni idroponiche indoor grazie alla loro efficienza energetica e alla capacità di emettere uno spettro di luce regolabile. Le lampade LED possono essere progettate per fornire luce rossa, blu e bianca, coprendo così tutte le esigenze di spettro luminoso delle piante nelle diverse fasi di crescita. Anche se l'investimento iniziale è più elevato rispetto alle lampade HID o fluorescenti, le lampade LED durano più a lungo e consumano meno energia, generando anche meno calore.

- **Lampade al plasma**: Le lampade al plasma sono una tecnologia emergente nel campo dell'illuminazione per coltivazioni indoor. Offrono uno spettro di luce molto simile a quello del sole e sono estremamente efficienti dal punto di vista energetico. Tuttavia, il costo iniziale delle lampade al plasma è ancora piuttosto elevato, e non sono così diffuse come le lampade LED o HID.

5.1.2 Fattori da Considerare nella Scelta delle Lampade

Quando si sceglie l'illuminazione per una coltivazione idroponica, è importante tenere in considerazione diversi fattori per assicurarsi che le piante ricevano la luce ottimale per la loro crescita.

- **Intensità luminosa**: Le diverse piante hanno esigenze diverse in termini di intensità luminosa. Piante come i pomodori o i peperoni richiedono una luce intensa, mentre piante come le erbe aromatiche e le lattughe possono crescere bene con una luce meno intensa. L'intensità luminosa si misura in lumen o PAR (Photosynthetically Active Radiation, cioè radiazione fotosinteticamente attiva) ed è fondamentale scegliere una lampada che possa fornire la giusta intensità per le piante coltivate.

- **Spettro luminoso**: Le piante hanno bisogno di diverse lunghezze d'onda di luce per ottimizzare la fotosintesi nelle diverse fasi di crescita. Durante la fase vegetativa, le piante beneficiano di luce blu (spettro tra 400-500 nm), mentre durante la fioritura e la fruttificazione richiedono più luce rossa (spettro tra 600-700 nm). Le lampade LED sono ideali per questo, poiché possono essere programmate per emettere lo spettro di luce appropriato per ogni fase.

- **Efficienza energetica**: L'illuminazione può rappresentare una parte significativa dei costi energetici di un sistema idroponico. Le lampade LED sono generalmente le più efficienti in termini di consumo energetico, seguite dalle lampade a fluorescenza e dalle lampade HID.

- **Calore generato**: Alcuni tipi di lampade, come le HID, generano molto calore, il che può creare problemi di surriscaldamento nello spazio di coltivazione. È importante considerare il sistema di ventilazione e raffreddamento necessario quando si utilizzano queste lampade.

5.2 Gestione della Temperatura e dell'Umidità

La gestione del clima interno, in particolare la temperatura e l'umidità, è essenziale per creare un ambiente di crescita ottimale per le piante. Le piante hanno una gamma di temperature e livelli di umidità ottimali in cui crescono al meglio, e il superamento di questi limiti può causare stress termico, rallentamento della crescita o persino la morte delle piante.

5.2.1 Temperatura

La temperatura influisce su molti processi fisiologici delle piante, tra cui la fotosintesi, la respirazione e la traspirazione. La maggior parte delle piante cresce meglio a temperature moderate, generalmente tra i **18°C e i 30°C**. Tuttavia, la temperatura ideale può variare a seconda della specie di pianta coltivata.

- **Temperatura ottimale**: La temperatura ideale per la maggior parte delle piante durante la fase vegetativa è compresa tra **22°C e 28°C** durante il giorno e **18°C e

22°C** durante la notte. Durante la fase di fioritura, le piante spesso beneficiano di una leggera riduzione della temperatura notturna per stimolare la produzione di fiori e frutti.

- **Effetti del calore eccessivo**: Se la temperatura supera i limiti ottimali, le piante possono soffrire di stress da calore. Ciò può portare a una riduzione della fotosintesi, una crescita stentata e, in casi estremi, alla morte della pianta. Le alte temperature possono anche causare una traspirazione eccessiva, portando alla disidratazione della pianta e all'accumulo di sali nel substrato idroponico.

- **Effetti delle basse temperature**: Temperature troppo basse rallentano il metabolismo delle piante, riducendo la fotosintesi e la crescita. Inoltre, alcune piante possono subire danni da freddo, con effetti negativi sulla formazione di foglie e fiori.

5.2.2 Umidità

L'umidità relativa è un altro fattore climatico cruciale per la crescita delle piante. Un livello di umidità troppo basso o troppo alto può influenzare la traspirazione e la capacità delle piante di assorbire acqua e nutrienti attraverso le radici.

- **Umidità ottimale**: La maggior parte delle piante cresce meglio con un'umidità relativa compresa tra il **40% e il 70%**. Le piante in fase vegetativa tendono a preferire un'umidità più elevata (50-70%), poiché ciò riduce la traspirazione e consente loro di conservare più acqua. Durante la fase di fioritura, tuttavia, è importante ridurre l'umidità al **40-50%** per prevenire problemi come la muffa e il marciume.

- **Effetti dell'umidità troppo alta**: Un livello di umidità eccessivamente alto può favorire la proliferazione di funghi, muffe e batteri, soprattutto durante la fase di fioritura, quando l'accumulo di umidità può causare marciume dei fiori e dei frutti. Inoltre, un'elevata umidità riduce l'efficacia della traspirazione, poiché l'aria satura di umidità ostacola l'evaporazione dell'acqua dalle foglie, rallentando il movimento dell'acqua e dei nutrienti dalle radici.

- **Effetti dell'umidità troppo bassa**: Un'umidità troppo bassa porta a una traspirazione eccessiva, causando stress idrico nelle piante. Le foglie possono diventare secche e fragili, e le radici possono essere incapaci di assorbire acqua a sufficienza per compensare la perdita.

5.2.3 Strumenti per il Controllo della Temperatura e dell'Umidità

- **Termometri e igrometri**: Per monitorare e regolare la temperatura e l'umidità all'interno dell'area di coltivazione, è fondamentale utilizzare termometri e igrometri precisi. Questi strumenti consentono di misurare in tempo reale i valori climatici e di apportare le necessarie modifiche.

- **Ventilatori e condizionatori**: I ventilatori aiutano a mantenere l'aria in circolazione e a prevenire il ristagno d'aria calda o umida, mentre i condizionatori d'aria possono essere utilizzati per abbassare la temperatura in spazi di coltivazione chiusi.

- **Deumidificatori e umidificatori**: Se l'umidità è troppo alta o troppo bassa, i deumidificatori e gli umidificatori possono essere utilizzati per mantenere i livelli di umidità entro i limiti desiderati.

- **Riscaldatori**: Nei climi freddi o durante le ore notturne, i riscaldatori possono essere necessari per mantenere la temperatura sopra i livelli critici.

Capitolo 6: Cura e Manutenzione delle Piante

La cura e la manutenzione delle piante sono aspetti fondamentali per garantire una coltivazione idroponica di successo e produttiva. Anche se il sistema idroponico fornisce nutrienti e acqua in modo più controllato rispetto all'agricoltura tradizionale, le piante richiedono comunque attenzione, interventi di manutenzione e pratiche di cura per ottimizzare la loro crescita e salute. In questo capitolo, esploreremo le tecniche di potatura, il controllo di parassiti e malattie, e le pratiche di raccolta e conservazione delle piante.

6.1 Tecniche di Potatura

La potatura è una pratica agricola essenziale che aiuta a migliorare la salute delle piante, ottimizzare la loro produttività e controllare la loro forma. Sebbene la potatura possa sembrare un compito semplice, richiede una certa competenza e comprensione delle esigenze specifiche delle piante.

6.1.1 Perché Potare le Piante

La potatura svolge diversi ruoli chiave nel processo di coltivazione:

- **Promuovere la crescita**: Rimuovere foglie morte o danneggiate e rami non produttivi favorisce la crescita di nuovi germogli e rami, migliorando l'afflusso di luce e nutrienti alle parti sane della pianta.

- **Controllare la forma**: La potatura consente di controllare la forma e le dimensioni delle piante, rendendole più gestibili e migliorando l'estetica del giardino idroponico.

- **Migliorare la qualità del raccolto**: Rimuovere i frutti o i fiori non sviluppati consente alla pianta di concentrare le sue energie nella produzione di frutti e fiori di migliore qualità.

- **Prevenire malattie**: La potatura può aiutare a prevenire malattie rimuovendo parti della pianta che possono ospitare patogeni o funghi.

6.1.2 Tecniche di Potatura

Esistono diverse tecniche di potatura che possono essere applicate a seconda delle piante e degli obiettivi desiderati:

- **Potatura di formazione**: Questa tecnica viene utilizzata per modellare la pianta durante le sue prime fasi di crescita. Consiste nel rimuovere i rami inferiori e mantenere solo quelli superiori, creando una struttura sana e aperta che permette alla luce di penetrare all'interno.

- **Potatura di mantenimento**: Consiste nel rimuovere foglie morte, fiori appassiti e rami danneggiati per mantenere la salute generale della pianta. Questo tipo di potatura può essere eseguito regolarmente durante la stagione di crescita.

- **Potatura di ringiovanimento**: Questa tecnica è utile per piante più mature che mostrano segni di crescita stentata. Comporta la rimozione di rami più vecchi o non produttivi per stimolare la crescita di nuovi germogli.

- **Potatura di diradamento**: Questa tecnica prevede la rimozione di rami e foglie in eccesso per migliorare la circolazione dell'aria e ridurre il rischio di malattie fungine. È particolarmente utile nelle coltivazioni dense.

6.1.3 Strumenti per la Potatura

L'uso degli strumenti giusti è essenziale per

una potatura efficace:

- **Forbici da potatura**: Strumento fondamentale per tagliare rami e steli. Devono essere affilate e sterilizzate per prevenire l'introduzione di malattie.

- **Seghetti**: Utilizzati per rami più spessi che non possono essere tagliati con le forbici.

- **Guanti da giardinaggio**: Proteggono le mani durante la potatura e prevengono ferite.

- **Spray disinfettante**: Utile per disinfettare gli strumenti prima e dopo l'uso per prevenire la diffusione di patogeni.

6.1.4 Tempistiche per la Potatura

La tempistica della potatura dipende dal tipo di pianta:

- **Piante a fioritura annuale**: Possono essere potate in autunno, dopo la raccolta, per prepararle alla nuova stagione.

- **Piante perenni**: È meglio potarle in primavera, prima dell'inizio della nuova crescita, per incoraggiare una fioritura vigorosa.

- **Piante da frutto**: Alcune possono essere potate in inverno per favorire la produzione di frutti nella stagione successiva.

6.2 Controllo dei Parassiti e Malattie

Il controllo dei parassiti e delle malattie è essenziale per la salute delle piante in un sistema idroponico. Anche se le piante coltivate in idroponica possono essere meno suscettibili a certe malattie del suolo, possono comunque essere attaccate da insetti e patogeni.

6.2.1 Identificazione dei Parassiti

La prima fase nel controllo dei parassiti è l'identificazione. Alcuni dei parassiti più comuni nelle coltivazioni idroponiche includono:

- **Afidi**: Piccoli insetti verdi o neri che si nutrono della linfa delle piante. Possono causare ingiallimento e deformazione delle foglie.

- **Tripidi**: Insetti lunghi e sottili che possono danneggiare foglie e fiori. I loro danni si manifestano con striature argentate sulle foglie.

- **Acari**: Piccoli aracnidi che possono causare macchie gialle e una peluria fine sulle foglie, noti anche come "ragnatele".

- **Cochiniglie**: Piccoli insetti che possono

apparire come piccole macchie bianche o marroni sulle piante e che producono una sostanza appiccicosa.

6.2.2 Identificazione delle Malattie

Le malattie possono derivare da funghi, batteri o virus. Alcuni sintomi comuni delle malattie includono:

- **Macchie fogliari**: Macchie scure o gialle sulle foglie possono indicare infezioni fungine.

- **Marciume radicale**: Un cattivo odore e l'imbrunimento delle radici possono essere segni di malattie fungine legate all'eccesso di umidità.

- **Clorosi**: Ingiallimento delle foglie, che può essere sintomo di carenza nutrizionale o malattia.

6.2.3 Metodi di Controllo dei Parassiti

Esistono diversi metodi per controllare i parassiti e le malattie nelle coltivazioni idroponiche:

- **Controllo biologico**: L'uso di predatori naturali come coccinelle per controllare gli afidi o nematodi per combattere i parassiti del suolo. Questa è una delle strategie più sostenibili e rispettose dell'ambiente.

- **Insetticidi naturali**: Prodotti come il sapone insetticida, l'olio di neem e il piretro possono essere utilizzati per controllare i parassiti senza danneggiare le piante o l'ambiente circostante.

- **Pesticidi chimici**: Sebbene siano efficaci, dovrebbero essere utilizzati con cautela, rispettando sempre le istruzioni e i tempi di attesa prima della raccolta per evitare residui tossici.

- **Rimozione manuale**: In caso di infestazioni lievi, la rimozione manuale dei parassiti può essere una soluzione efficace, in particolare per piante di piccole dimensioni.

6.2.4 Prevenzione delle Malattie

Prevenire le malattie è sempre meglio che curarle. Ecco alcune strategie per prevenire le malattie nelle coltivazioni idroponiche:

- **Mantenere pulito il sistema**: Una buona igiene è fondamentale. Pulire regolarmente le attrezzature e disinfettare gli spazi di coltivazione aiuta a prevenire la proliferazione di agenti patogeni.

- **Controllo della circolazione dell'aria**: Assicurarsi che ci sia una buona ventilazione per prevenire l'umidità stagnante, che favorisce le malattie fungine.

- **Scelta di piante resistenti**: Se possibile, scegliere varietà di piante resistenti a parassiti e malattie.

- **Monitoraggio regolare**: Ispezionare le piante regolarmente per rilevare segni di parassiti o malattie è fondamentale per intervenire tempestivamente.

6.3 Raccolta e Conservazione

La raccolta e la conservazione delle piante sono le fasi finali del processo di coltivazione, che richiedono attenzione e cura per garantire la qualità del raccolto e la durata della conservazione.

6.3.1 Raccolta

La raccolta è il momento culminante del

processo di coltivazione e deve essere eseguita nel momento giusto per garantire la massima qualità. Ecco alcuni punti da considerare:

- **Tempistica della raccolta**: La raccolta deve essere effettuata al momento giusto, quando i frutti e le verdure sono maturi ma ancora freschi. La raccolta tardiva può portare a una perdita di qualità.

- **Tecnica di raccolta**: Utilizzare strumenti appropriati per la raccolta, come forbici o cesoie, per evitare di danneggiare la pianta. È importante raccogliere con delicatezza per preservare la freschezza.

- **Condizioni climatiche**: La raccolta dovrebbe avvenire nelle ore più fresche della giornata, come la mattina presto o nel tardo pomeriggio, per evitare che il calore eccessivo danneggi i prodotti.

6.3.2 Conservazione

Una volta raccolti, è essenziale conservare i prodotti in modo appropriato per preservare freschezza e qualità. Ecco alcune strategie di conservazione:

- **Temperatura di conservazione**: La maggior parte delle verdure e dei frutti devono essere conservati in un luogo fresco. Refrigerare le verdure può prolungarne la freschezza.

- **Umidità**: È importante mantenere un'umidità adeguata durante la conservazione. Troppa umidità può causare marciume, mentre una umidità insufficiente può seccare i prodotti.

- **Imballaggio**: Utilizzare contenitori adeguati per ridurre il rischio di schiacciamento e danneggiamento. I sacchetti perforati o le scatole di plastica possono aiutare a mantenere la freschezza.

- **Durata di conservazione**: Ogni tipo di pianta ha una durata di conservazione diversa. È importante conoscere i tempi di conservazione per ogni prodotto e consumarlo entro tali limiti.

6.3.3 Tecniche di Lunga Conservazione

Per prolungare la durata dei prodotti raccolti, si possono considerare diverse tecniche di conservazione:

- **Congelamento**: Il congelamento è un modo efficace per conservare molti tipi di verdure e frutti, mantenendo gran parte delle loro proprietà nutrizionali.

- **Essiccazione**: L'essiccazione rimuove l'umidità dai prodotti, prevenendo la crescita di batteri e muffe.

- **Conservazione sott'olio o sott'aceto**: Queste tecniche possono essere utilizzate per prolungare la durata di conservazione di alcune verdure e aromi.

- **Fermentazione**: Una tecnica tradizionale che non solo conserva i prodotti, ma migliora anche le loro proprietà nutrizionali.

6.3.4 Controllo della Qualità Durante la Conservazione

Infine, è importante controllare regolarmente la qualità dei prodotti conservati:

- **Ispezioni regolari**: Controllare frequentemente per eventuali segni di deterioramento, muffe o infestazioni.

- **Rotazione del magazzino**: Utilizzare prima i prodotti più vecchi per garantire che nulla venga trascurato o scaduto.

- **Documentazione**: Tenere traccia delle date di raccolta e delle modalità di conservazione per facilitare la gestione e il monitoraggio.

Conclusione

La cura e la manutenzione delle piante in un sistema idroponico richiedono attenzione e competenze specifiche. Le tecniche di potatura, il controllo di parassiti e malattie, e le pratiche di raccolta e conservazione sono tutte fondamentali per garantire una coltivazione di successo e una resa ottimale. Investire tempo e risorse nella cura delle piante non solo migliora la qualità dei prodotti, ma contribuisce anche alla sostenibilità e alla salute dell'ecosistema idroponico nel suo complesso. Adottando buone pratiche di manutenzione, i coltivatori possono massimizzare i benefici dei loro sforzi, ottenendo raccolti abbondanti e di alta qualità.

Capitolo 7: Esempi Pratici e Casi Studio

L'idroponica è una tecnica di coltivazione innovativa e in continua evoluzione, che ha trovato applicazione in molteplici contesti, sia a livello domestico che commerciale. Questo capitolo esplora esempi pratici di impianti idroponici, casi studio che evidenziano opportunità e sfide nel settore commerciale, e alcune delle ultime innovazioni nel campo dell'idroponica. Alla fine, includeremo un glossario dei termini più comuni utilizzati in questo ambito.

7.1 Impianti Idroponici a Casa

La coltivazione idroponica domestica sta diventando sempre più popolare grazie alla crescente consapevolezza dell'importanza della sostenibilità alimentare e alla facilità di accesso a tecnologie e materiali. Molti appassionati di giardinaggio si avvicinano a questo metodo per coltivare piante in spazi ridotti e in modo efficiente.

7.1.1 Tipi di Impianti Domestici

Ci sono diversi tipi di impianti idroponici che possono essere facilmente implementati a casa:

- **Sistemi a goccia**: Utilizzano tubi per distribuire la soluzione nutritiva alle piante. Questo metodo è ideale per piante come pomodori e peperoni. La facilità di installazione e il minor consumo d'acqua lo rendono popolare tra i coltivatori domestici.

- **Sistemi DWC (Deep Water Culture)**: In questo sistema, le radici delle piante sono immerse in una soluzione nutritiva ossigenata. È una scelta comune per la coltivazione di lattuga e altre verdure a foglia verde, poiché le radici possono assorbire i nutrienti facilmente.

- **Torre idroponica**: Questa è una configurazione verticale che consente di massimizzare lo spazio. Le piante vengono coltivate in tubi verticali, dove l'acqua e i nutrienti vengono distribuiti dall'alto verso il basso. Questo metodo è perfetto per chi ha poco spazio a disposizione e desidera una coltivazione efficiente.

7.1.2 Vantaggi dell'Idroponica Domestica

Coltivare in modo idroponico a casa offre numerosi vantaggi:

- **Produzione continua**: Gli impianti idroponici consentono una coltivazione tutto l'anno, indipendentemente dalle condizioni climatiche esterne. Gli utenti possono raccogliere prodotti freschi anche durante l'inverno.

- **Spazio ottimizzato**: L'idroponica consente di coltivare piante in spazi ridotti. Questo è particolarmente utile per chi vive in appartamenti o aree urbane.

- **Minore utilizzo di acqua**: Rispetto all'agricoltura tradizionale, i sistemi idroponici utilizzano significativamente meno acqua, il che li rende più sostenibili.

- **Riduzione dei pesticidi**: Poiché le piante sono cresciute in un ambiente controllato, è possibile ridurre l'uso di pesticidi e fungicidi, producendo cibo più sano.

7.1.3 Casi Studio di Impianti Domestici

Un esempio pratico di impianto idroponico domestico è rappresentato da **"Urban Garden",** un progetto di giardinaggio urbano lanciato da una famiglia in una zona suburbana. Hanno scelto un sistema a goccia per coltivare una varietà di erbe aromatiche e verdure a foglia verde. Il loro obiettivo era quello di ridurre la dipendenza dai supermercati e di avere accesso a prodotti freschi. Dopo sei mesi di coltivazione, hanno segnalato un risparmio significativo sui costi alimentari e una maggiore soddisfazione nel consumare prodotti di alta qualità.

Un altro esempio è **"Hydroponic Balcony",** un progetto in cui un'appassionata di giardinaggio ha utilizzato un sistema verticale per massimizzare lo spazio sul suo balcone. Ha coltivato pomodori, basilico e fragole, ottenendo raccolti abbondanti e di alta qualità. Questo caso studio dimostra come l'idroponica possa essere implementata anche in spazi molto limitati, garantendo comunque un'ottima resa.

7.2 Idroponica Commerciale: Opportunità e Sfide

L'idroponica commerciale sta guadagnando terreno a livello globale, grazie alla crescente domanda di cibo fresco e sostenibile. Tuttavia, non è priva di sfide.

7.2.1 Opportunità

Le opportunità nel settore dell'idroponica commerciale sono molteplici:

- **Crescita della domanda**: La domanda di prodotti freschi e locali è in aumento. I consumatori sono sempre più consapevoli dell'importanza di una dieta sana e sono disposti a pagare di più per prodotti freschi e sostenibili.

- **Sostenibilità**: I sistemi idroponici riducono l'uso di acqua e pesticidi, promuovendo pratiche agricole più sostenibili. Le aziende che adottano questi sistemi possono migliorare la loro immagine e attrarre clienti attenti all'ambiente.

- **Tecnologia in crescita**: Le innovazioni tecnologiche, come i sensori IoT (Internet of Things) e l'automazione, stanno semplificando la gestione degli impianti idroponici, riducendo i costi operativi e aumentando l'efficienza.

7.2.2 Sfide

Nonostante le opportunità, ci sono diverse sfide nel settore:

- **Investimenti iniziali**: L'installazione di un impianto idroponico commerciale richiede un investimento iniziale significativo per attrezzature e tecnologia. Molte piccole aziende possono trovare difficile accedere ai fondi necessari.

- **Competizione**: Con l'aumento della popolarità dell'idroponica, cresce anche la concorrenza. Le aziende devono differenziare i loro prodotti e offrire un valore aggiunto per emergere nel mercato.

- **Conoscenza tecnica**: La gestione di un

impianto idroponico richiede competenze specifiche. La mancanza di formazione adeguata può portare a errori operativi e perdite di raccolto.

7.2.3 Casi Studio di Idroponica Commerciale

Un esempio emblematico di successo commerciale è **"Green Sense Farms"**, un'azienda che ha implementato un sistema idroponico per coltivare verdure a foglia verde in un'area urbana. Grazie all'uso di tecnologie avanzate, come l'illuminazione LED e i sensori IoT, l'azienda è riuscita a ottimizzare la crescita delle piante, riducendo i costi energetici e aumentando la produttività. Green Sense Farms ha dimostrato che è possibile avere successo nel mercato alimentare locale, anche in contesti urbani.

Un altro esempio è **"AeroFarms,"** un leader nel settore dell'idroponica verticale che ha attirato investimenti significativi.

AeroFarms utilizza tecnologie avanzate di aeroponica e ha stabilito impianti di grandi dimensioni che forniscono prodotti freschi a diversi mercati. La loro attenzione alla sostenibilità e all'innovazione tecnologica ha posizionato l'azienda come un modello nel settore dell'agricoltura urbana.

7.3 Innovazioni nel Campo dell'Idroponica

L'idroponica è un campo in costante evoluzione, e diverse innovazioni stanno emergendo per migliorare la produttività, l'efficienza e la sostenibilità.

7.3.1 Tecnologie Avanzate

- **Sistemi di automazione**: L'uso di software e sensori per monitorare e controllare i parametri ambientali come temperatura, umidità e nutrienti ha rivoluzionato la gestione degli impianti idroponici. Le aziende possono ora automatizzare la distribuzione di nutrienti e acqua, riducendo i costi e aumentando l'efficienza.

- **Illuminazione LED**: Le luci LED sono sempre più utilizzate negli impianti idroponici grazie alla loro efficienza energetica e alla capacità di emettere lunghezze d'onda specifiche che favoriscono la crescita delle piante. Questo consente di ottimizzare i cicli di luce e migliorare la resa dei raccolti.

- **Tecnologie di coltivazione verticale**: Le fattorie verticali stanno guadagnando popolarità in ambienti urbani. Questi sistemi utilizzano spazi in altezza, riducendo la superficie terrestre necessaria per la coltivazione. Questa innovazione consente una produzione più elevata in spazi limitati.

7.3.2 Ricerca e Sviluppo

La ricerca scientifica sta svolgendo un ruolo cruciale nel miglioramento dell'idroponica.

Gli studi sulle varietà di piante più adatte per la coltivazione idroponica, sulla gestione dei nutrienti e sulla biotecnologia stanno aprendo nuove strade.

- **Genetica delle piante**: La selezione e l'ingegnerizzazione delle varietà di piante più adatte alla coltivazione idroponica stanno migliorando la resa e la resistenza delle coltivazioni. Questo permette agli agricoltori di

affrontare meglio le sfide ambientali.

- **Nutrizione personalizzata**: La ricerca nel campo della nutrizione delle piante sta portando allo sviluppo di soluzioni nutritive su misura che ottimizzano la crescita e migliorano la qualità dei prodotti.

Glossario dei Termini Idroponici

Termini chiave:

- **Idroponica**: Metodo di coltivazione delle piante senza l'uso di suolo, utilizzando soluzioni nutritive in un ambiente controllato.

- **Nutrienti**: Sostanze chimiche necessarie per la crescita delle piante, come azoto, fosforo, potassio e micronutrienti.

- **pH**: Misura dell'acidità o alcalinità della soluzione nutritiva; un pH ottimale è fondamentale per l'assorbimento dei nutrienti.

- **DWC (Deep Water Culture)**: Sistema idroponico in cui le radici delle piante sono immerse in una soluzione nutritiva ossigenata.

- **Aeroponica**: Metodo di coltivazione in

cui le radici delle piante sono sospese in aria e nebulizzate con una soluzione nutritiva.

- **Sistemi a goccia**: Tecnica che distribuisce la soluzione nutritiva alle piante tramite tubi e gocce controllate.

- **Coltivazione verticale**: Pratica di coltivazione che utilizza strutture verticali per massimizzare lo spazio disponibile.

- **Illuminazione LED**: Fonti luminose ad alta efficienza energetica utilizzate per fornire la luce necessaria alla crescita delle piante in ambienti chiusi.

- **Automazione**: Uso di tecnologia e software per monitorare e controllare i parametri di crescita delle piante.

L'idroponica rappresenta una soluzione innovativa e sostenibile per la produzione alimentare. Gli impianti domestici e commerciali offrono opportunità uniche per la coltivazione di piante in spazi ridotti e in condizioni controllate. Attraverso esempi pratici e casi studio, abbiamo visto come l'idroponica può essere applicata in diversi contesti, affrontando sia le sfide che le opportunità del settore. Le innovazioni in corso nel campo dell'idroponica continuano a migliorare le pratiche agricole, rendendole più efficienti e sostenibili. Con un crescente interesse e investimenti nel settore, l'idroponica ha il potenziale per trasformare il modo in cui produciamo e consumiamo cibo nel futuro.

Indice

Introduzione pg.4

Capitolo 1: Fondamenti dell'idroponica pg.15

Capitolo 2: Sistemi Idroponici pg.27

Capitolo 3: Progettazione di un Impianto Idroponico pg.48

Capitolo 4: Nutrizione delle Piante pg.67

Capitolo 5: Illuminazione e Clima pg.93

Capitolo 6: Cura e Manutenzione delle Piante pg.104

Capitolo 7: Esempi Pratici e Casi Studio
pg.121

www.ingramcontent.com/pod-product-compliance
Lightning Source LLC
Chambersburg PA
CBHW071057240526
45471CB00016B/1981